BEI GRIN MACHT SICH IHR WISSEN BEZAHLT

- Wir veröffentlichen Ihre Hausarbeit, Bachelor- und Masterarbeit

- Ihr eigenes eBook und Buch - weltweit in allen wichtigen Shops

- Verdienen Sie an jedem Verkauf

Jetzt bei www.GRIN.com hochladen und kostenlos publizieren

Corinna Mailänder

Wie grün ist Green Grabbing? Edle Absichten vs. Akkumulation durch Enteignung

GRIN Verlag

Bibliografische Information der Deutschen Nationalbibliothek:

Die Deutsche Bibliothek verzeichnet diese Publikation in der Deutschen Nationalbibliografie; detaillierte bibliografische Daten sind im Internet über http://dnb.d-nb.de/ abrufbar.

Dieses Werk sowie alle darin enthaltenen einzelnen Beiträge und Abbildungen sind urheberrechtlich geschützt. Jede Verwertung, die nicht ausdrücklich vom Urheberrechtsschutz zugelassen ist, bedarf der vorherigen Zustimmung des Verlages. Das gilt insbesondere für Vervielfältigungen, Bearbeitungen, Übersetzungen, Mikroverfilmungen, Auswertungen durch Datenbanken und für die Einspeicherung und Verarbeitung in elektronische Systeme. Alle Rechte, auch die des auszugsweisen Nachdrucks, der fotomechanischen Wiedergabe (einschließlich Mikrokopie) sowie der Auswertung durch Datenbanken oder ähnliche Einrichtungen, vorbehalten.

Impressum:

Copyright © 2012 GRIN Verlag GmbH
Druck und Bindung: Books on Demand GmbH, Norderstedt Germany
ISBN: 978-3-656-70939-8

Dieses Buch bei GRIN:

http://www.grin.com/de/e-book/277952/wie-gruen-ist-green-grabbing-edle-absichten-vs-akkumulation-durch-enteignung

GRIN - Your knowledge has value

Der GRIN Verlag publiziert seit 1998 wissenschaftliche Arbeiten von Studenten, Hochschullehrern und anderen Akademikern als eBook und gedrucktes Buch. Die Verlagswebsite www.grin.com ist die ideale Plattform zur Veröffentlichung von Hausarbeiten, Abschlussarbeiten, wissenschaftlichen Aufsätzen, Dissertationen und Fachbüchern.

Besuchen Sie uns im Internet:

http://www.grin.com/

http://www.facebook.com/grincom

http://www.twitter.com/grin_com

Wie grün ist Green Grabbing? – Edle Absichten vs. Akkumulation durch Enteignung

Inhaltsverzeichnis
1 Einleitung 2
2 Theorie: Akkumulation durch Enteignung 2
3 Entstehung und Folgen von Land Grabbing 5
4 Green Grabbing – Umweltschutz auf Kosten der lokalen Bevölkerung 7
5 Fallbeispiele für Green Grabbing in Kolumbien und Bolivien 9
6 Fazit 10
7 Literaturverzeichnis 12

1 Einleitung

Land Grabbing, Landraub, Landkauf, ausländische Direktinvestitionen – das hier behandelte Phänomen hat viele Namen, je nachdem, von welcher Stelle man davon hört. Zunächst bedeutet es, dass Industrieländer, aber auch beispielsweise China oder Südkorea Land in Entwicklungsländern, in denen scheinbar grenzenlos viel Land zur Verfügung steht, kaufen, um es für ihre Zwecke zu nutzen. Die Käufer bauen also u.a. Getreide an, mit dem sie die Nahrungsmittel ihrer eigenen Bevölkerung sichern, oder sehr häufig auch Soja. Da es nicht nur als Kraftstoff genutzt werden kann, sondern auch als Viehfutter, befriedigt es in den Industrieländern auch gleich das große Bedürfnis nach Fleisch.

Doch meist bleibt es eben nicht nur beim Kauf von Land. Häufig wird die lokale Bevölkerung gezwungen große Gebiete zu räumen, die dann zu Anbauflächen gemacht werden. Die Interessen der Einheimischen werden nicht in die Pläne mit einbezogen, vielmehr wird deren Umwelt durch Waldrodung, Erosion und Pestizide zerstört. Dem gegenüber steht nun das sogenannte Green Grabbing – ein Land Grabbing, das sich (zumindest nach außen hin) dem Umweltschutz verpflichtet. Hierbei wird Land gekauft, um es zu schützen, so wird es jedenfalls propagiert. Doch tatsächlich wird es nicht nur geschützt. Auch der Ökotourismus kommt ohne eine funktionierende Infrastruktur nicht aus. Wege und Straßen müssen angelegt, Unterkünfte gebaut werden. Diese Maßnahmen erfordern häufig, dass auch hier einheimische Bewohner „umgesiedelt" werden.

Im Folgenden wird daher erörtert, wie Land Grabbing und/oder Green Grabbing mit David Harveys Theorie der Akkumulation durch Enteignung zusammenhängt. Dies stellt den ersten Teil dieser Arbeit dar, gefolgt von einem Abschnitt zu Land Grabbing im Allgemeinen. Im Anschluss werden Akteure, Folgen und Vorgehensweisen von Green Grabbing näher betrachtet. Anhand zweier Fallbeispiele soll Green Grabbing veranschaulicht werden, bevor zuletzt ein Fazit folgt.

2 Theorie: Akkumulation durch Enteignung

David Harveys Konzept der Akkumulation durch Enteignung ist eine Abwandlung von Karl Marx' Konzept der ursprünglichen Akkumulation. Was genau also versteht Marx unter ursprünglicher Akkumulation? Für ihn ist sie der allererste Schritt im Prozess von Kapitalanhäufung bzw. Kapitalüberschuss. Es findet eine Trennung des Produzenten von der

Produktion statt, d.h. die Produktions- und Subsistenzmittel werden in Kapital umgewandelt und die eigentlichen Produzenten zu Lohnarbeitern gemacht, die von ihren Arbeitsmitteln enteignet werden. Die Mittel zur Trennung beinhalten eine gewaltsame, widerrechtliche Inbesitznahme von Gemeinbesitz und sogar parlamentarischen Raub, wenn Grundbesitzer per Gesetzeserlassung das Land der Menschen zu ihrem Privateigentum machen können (Glassmann 2006: 610).

Weiterhin schafft der Kapitalismus erstmals eine Gesellschaft, die auf einer Kontrolle über die Natur basiert und damit auch auf der systematischen Entwicklung von produktiven Kapazitäten und der Expansion von Bedürfnissen. Die ursprüngliche Akkumulation ist für Marx somit ein unausweichlicher Schritt in diese Richtung. Da Marx diese Form der Akkumulation nur als eine Phase der kapitalistischen Entwicklung betrachtete, war er der Überzeugung, dass die ursprüngliche Akkumulation irgendwann überall von einem normalisierteren Prozess einer sich ständig selbst erweiternden Reproduktion der kapitalistischen Produktion abgelöst wird. Die bereits erreichte Trennung des Produzenten von den Subsistenzmitteln erlaubt dabei allerdings auch die Ausübung von Gewalt und Enteignung, was wiederum oft zur Folge hat, dass sich soziale Protestbewegungen bilden (Glassmann 2006: 610f., 622).

Neo-Marxisten schieben nun den Fokus radikaler Sozialbewegungen weg von industriellen Arbeitern im Globalen Norden hin zu heterogeneren (d.h. populär-nationalistischen) sozialen Bewegungen im Globalen Süden. Als Grund führen sie an, dass die wichtigsten Revolutionen im 20. Jahrhundert nicht in den kapitalistischen Ländern des Globalen Nordens stattfanden, sondern in Russland, China und Kuba (Glassmann 2006: 612, 614).

Harvey, dessen Konzept der Akkumulation durch Enteignung als leicht veränderte Weiterführung von Marx' ursprünglicher Akkumulation weit diskutiert wurde und wird, stimmt Marx darin zu, dass Akkumulation von Kapital auf Raub, Betrug und Gewalt basiert. Allerdings sei dies nicht nur bei ursprünglicher Akkumulation der Fall, wie Marx es darstellt (Spronk und Webber 2007: 32). Er betont in seinen Ausführungen zudem die globale Expansion des Kapitalismus in die Peripherie. Zugkraft der Akkumulation durch Enteignung ist dabei die Privatisierung, da sie den Kapitalisten eine private Aneignung öffentlichen Eigentums ermöglicht. Die neoliberale Akkumulation durch Enteignung gilt für ihn als ein Versuch, die strukturellen Probleme der Überakkumulation zu überwinden, und stellt im neoliberalen Zeitalter die Hauptform von Akkumulation dar. Primär erhöhte auch die sinkende

Ertragskraft seit der Krise des Fordismus Mitte der 1970er-Jahre die Intensität der Akkumulation durch Enteignung (Glassmann 2006: 620f.).

Schließlich unterscheidet Harvey in seinem Konzept vier Hauptprozesse: Privatisierung, Finanzialisierung, Management und Manipulation von Krisen sowie staatliche Umverteilung. Bei der Privatisierung gehen öffentliche Güter an private Unternehmen, z.B. wandert öffentliches Weideland in die Hand von Ökotourismusunternehmen oder Ackerland und/oder Wald an Bergbauunternehmen. Auch wenn dabei die Rechte der Armen gesichert werden sollen, ist dies trotzdem mit einer Entfremdung von Land und Natur verbunden (Fairhead, Leach und Scoones 2012: 243).

Die Finanzialisierung bezieht sich darauf, wie das Finanzsystem zum Zentrum einer Umverteilungsaktivität wird. Wie die Natur mit einer handelbaren, finanzialisierten Welt verbunden wird, ist dabei ein wachsendes Diskussionsfeld in der Wissenschaft: Dieser Prozess wird mit einer neuen Konzeptualisierung von Natur assoziiert, nämlich der Institutionalisierung von Ideen, Werten und Praktiken zu Natur und Ökologie. Dadurch entstehen neue „grüne" Märkte – der finanzielle Wert der Natur hat eine Verräumlichung von Natur zur Folge und somit ergeben sich neue Potenziale für Ungleichheiten. „Grüner Handel" ist schlichtweg der Handel mit Natur, der allerdings stark von Ungleichheiten abhängt: arm vs. reich, urban vs. ländlich, Globaler Süden vs. Globaler Norden. Ein Beitrag zur Verbesserung der oft zerstörten globalen Umwelt soll durchaus geleistet werden, aber vorzugsweise dort, wo es am billigsten ist oder die Schäden am geringsten sind (ebd.: 243-245).

Harveys dritter Hauptprozess seines Konzeptes sind Management und Manipulation von Krisen, die auch bei Enteignungen bezüglich green grabs die treibende Kraft darstellen. Durch die Akkumulation einiger weniger findet die Enteignung vieler anderer statt, z.B. können verschuldete Staaten zu Liberalisierung und Privatisierung gezwungen werden, wie es u.a. bei den Strukturanpassungsprogrammen der 1980er-Jahre in vielen Entwicklungsländern der Fall war. Und schließlich ist die staatliche Umverteilung der vierte Hauptprozess. Fiskalpolitik soll generell Investitionen begünstigen (z.B. auch Landkauf) und begünstigt daher diejenigen, die Kapital besitzen, anstatt Einkommen und damit mehr Sicherheit für die ärmere Bevölkerung zu garantieren. Auch für Entwicklungsländer ist dieses Vorgehen jedoch attraktiv, da dann Kapital zu ihnen fließt, allerdings werden viele Investitionen auf Spekulationsbasis getätigt. Somit könnte es durchaus sein, dass die derzeitige Situation erst den Anfang von Green Grabbing markiert (ebd.: 245f.).

3 Entstehung und Folgen von Land Grabbing

Seit einigen Jahren ist in vielen Entwicklungs- und Schwellenländern ein „Land Grabbing" genanntes Phänomen zu beobachten. Neutral formuliert bedeutet dies einfach nur „Landkauf" – doch was steckt tatsächlich dahinter? Die Hauptursache des Land Grabbings liegt in der rapide wachsende Weltbevölkerung, die wiederum unterschiedliche Ansprüche stellt. In erster Linie muss sie mit Nahrungsmitteln versorgt werden, doch diese Aufgabe gestaltet sich zunehmend schwieriger, da zu den verfügbaren Flächen keine weiteren dazukommen und noch darüber hinaus aufgrund wenig fruchtbarer Böden, Erosion oder Desertifikation nicht alle für den Anbau geeignet sind. Gleichzeitig birgt auch der hohe Fleischkonsum Probleme, denn Vieh muss gehalten und gefüttert und dieses Futter großflächig angebaut werden. Und noch ein weiterer nicht zu unterschätzender Aspekt kommt hinzu: Nicht nur in den Industrieländern, sondern auch vermehrt in Schwellenländern steigt die Nutzung von Kraftfahrzeugen und damit der Bedarf an Treibstoff ständig weiter an (FDCL o.J.).

Als vermeintlich einfache und praktische Problemlösung trat schließlich 2007/2008 das Land Grabbing in den Vordergrund. Länder wie China oder Südkorea und zahlreiche mehr fingen verstärkt an, Land in Entwicklungsländern zu kaufen, in denen es scheinbar ausreichend zur Verfügung stand. Dieses Land wurde bebaut, die Ernte ins eigene Land importiert und somit dort die Nahrungsmittelknappheit überwunden. Anfangs waren die Länder, in denen Land gekauft wurde, hauptsächlich afrikanische Staaten, doch mittlerweile wird auch viel in Lateinamerika und Asien angebaut. Allerdings steht Nahrungsmittelanbau, der tatsächlich auch zur direkten Nahrungsmittelversorgung dient, dabei nicht einmal im Vordergrund – eher die oben erwähnte Versorgung von Nutztieren sowie das Bereitstellen von Treibstoff (ebd.).

Verglichen mit Afrika bietet Lateinamerika ideale Voraussetzungen: Der Boden ist nicht nur günstig und fruchtbar, sondern Wasser auch leichter zugänglich, es herrscht eine stabilere Rechtssicherheit, die Infrastruktur ist besser ausgebaut. Innerhalb Lateinamerikas ist Brasilien das Land, in dem am meisten Land Grabbing zu verzeichnen ist, nicht allein aufgrund seiner großen Fläche. 25% des Zuckers weltweit kommt von Zuckerrohrplantagen in Brasilien, aber besonders die Anbauflächen für Soja sind gewachsen – zwischen 2000 und 2005 von knapp 15 Mio. ha auf knapp 25 Mio. ha. Damit steht Brasilien global an erster Stelle der Sojaexportländer. Doch auch Argentinien ist inzwischen zu einem der führenden Länder in der Produktion von Sojabohnen geworden. Die argentinischen Pampas gehören zu den sechs landwirtschaftlich produktivsten Regionen der Welt und Soja scheint das ideale Anbauprodukt zu sein, kann es doch sowohl als Tierfutter dienen als auch zu Biodiesel weiterverarbeitet werden. So werden zwei der wichtigsten Probleme abgedeckt: das Bedürfnis der Menschen nach Fleisch und der hohe Verbrauch an Kraftstoff, der seit einigen Jahren zumindest teilweise Biokraftstoff sein soll (Schwartz-Driver 2012).

Besonders Argentinien kommt jedoch langsam am Limit seiner Produktivität und seiner noch nutzbaren Anbauflächen an und auch in anderen Staaten Lateinamerikas (z.B. Brasilien, Peru, Honduras) verursacht Land Grabbing weitreichende und unterschiedlichste Konflikte. Am offensichtlichsten sind wohl die sozio-ökonomischen Probleme: Dadurch, dass so viel freies Land „benötigt" wird, um die Bedürfnisse aus Übersee (hauptsächlich Europa und USA) zu stillen, wird Land enteignet und Gemeinden aus ihren Dörfern vertrieben, die dem Ackerbau weichen müssen. Viele Menschen verlieren damit ihre Existenzgrundlage. Nicht nur haben sie keine Bleibe mehr, oft wird ihnen auch die Nahrungsgrundlage genommen, da der Soja-/Reis-/etc.-Produktion Vorrang gegenüber dem bisherigen Anbau gegeben werden muss. Die Folgen sind Landflucht und Armut. Einheimische Arbeitskräfte, die für die Bebauung angestellt werden, verrichten körperlich schwere Arbeit, während ein Großteil des Profits an transnationale Unternehmen, Banken oder Großunternehmer fließt – nur ein verschwindend geringer Anteil kommt tatsächlich den Kleinbauern zu Gute. Zudem verschmutzen Pestizide das Grundwasser, ein weiterer Grund für die Bevölkerung, das Gebiet wegen Gefahr vor Krankheiten zu verlassen (WWF o.J.).

All diese Konsequenzen stehen meist im Vordergrund der Berichterstattung, doch auch die ökologischen Folgen von Land Grabbing sind nicht außer Acht zu lassen. Gleichwohl können ökologische und sozio-ökonomische Aspekte selten klar getrennt werden, da sie oft einander bedingen. Neben der oben erwähnten Verwendung von Pestiziden und Kunstdünger zerstört auch Entwaldung (meist durch Brandrodung) das Land, die allerdings notwendig ist, um große Flächen intensiv nutzen zu können. Dies verursacht Erosion, die u.a. in Brasilien feuchte Gebiete um Flüsse herum in Mitleidenschaft zieht. Sehr häufig werden auch Lebensräume der einheimischen Flora und Fauna zerteilt, da die neue Felderaufteilung schlecht oder gar nicht systematisch und durchdacht geplant ist. Schützenswerte Naturräume werden kaum beachtet, somit gerät auch die biologische Vielfalt in Gefahr, ein Beispiel dafür ist der Amazonas, in dem rücksichtslos große Gebiete gerodet werden. Nicht zuletzt geht durch das Abholzen ausgedehnter Flächen die Möglichkeit verloren, den in der Luft enthaltenen CO_2-Wert zu senken, sodass die negativen Folgen des Land Grabbings sogar die globale Ebene erreichen (ebd.).

4 Green Grabbing – Umweltschutz auf Kosten der lokalen Bevölkerung

Bei all den negativen Folgen, die Land Grabbing auf die Umwelt hat, liegt es fast schon nahe, dass daraus das sogenannte Green Grabbing entstand. Im Namen von „Nachhaltigkeit", „Schutz" oder „grünen" Werten werden nun Ökosysteme zum Verkauf angeboten und die Natur wird damit kommodifiziert. Unter Green Grabbing wird also die Aneignung von Land und Ressourcen zu Zwecken, die der Umwelt dienen sollen, verstanden. „Grün" gilt dabei als Rechtfertigung für die Aneignung von Land, schließlich dient es doch einem guten Zweck. Doch gleichzeitig findet auch ein Wechsel von Besitztum, Gebrauchsrechten und der Kontrolle über Ressourcen, die früher öffentlich oder privat waren, statt – von den Armen wandert all dies nun in die Hände der Mächtigen. Die Aneignung ist dabei sowohl für die dualen Prozesse Akkumulation und Enteignung: Es kann sich hierbei schlicht um Kapitalakkumulation handeln, bei der Profite neu investiert werden und so das Kapital stetig wächst. Doch es kann genauso gut auch Marx' ursprüngliche Akkumulation sein, wenn Natur aus öffentlichem Eigentum zu privatem wird und Anspruchssteller vertrieben werden. Dabei muss Green Grabbing nicht zwingend eine Entfremdung des Landes von seinen bestehenden Anspruchsstellern bedeuten, dennoch aber immer eine Restrukturierung von Gesetzen und Autorität über Zugang, Nutzung und Management von Ressourcen – die quasi als Folgen der Entfremdung gelten (Fairhead, Leach und Scoones 2012: 238f.).

Die Akteure des Phänomens Green Grabbing sind äußerst heterogen und können beispielsweise Bündnisse zwischen internationalen Institutionen für Umweltpolitik, NGOs und nationalen Eliten mit multinationalen Unternehmen sein. Oft sind es auch (internationale) Reiseveranstalter mit Umweltschutzunternehmen und dem Staat, der den Ökotourismus bewirbt. Zum Teil gibt es auch eine neuartige Zusammenarbeit unter Akteuren, etwa in der Form, dass sich das Paramilitär mit Umweltschützern zusammenschließt. Sogar komplett neue Akteure erscheinen auf der Bildfläche, wie etwa Unternehmer („grüner Kapitalismus"), die dann oft als Mittelsmänner agieren, die die Aneignung von Ressourcen ermöglichen und sicherstellen wollen (ebd.: 249f.).

Was ist nun neu an Green Grabbing? Neu ist in erster Linie, dass die altbekannte Verfremdung, wie sie zu Zeiten des Kolonialismus geschah, jetzt im Namen der Umwelt passiert. Weiterhin sind es heute andere Akteure, andere kulturelle und ökonomische Logiken sowie neue politische Dynamiken – sogar eine neue globale „grüne" Wirtschaft hat sich entwickelt und darin eine sogenannte ökologische Modernisierung, bei der Wirtschaftswachstum und Umweltschutz Hand in Hand gehen (sollen). Aufgrund der Neoliberalisierung, Privatisierung und Kommodifizierung von Natur sind Umweltschutzpläne nun stets kommerziell. Natur, Wirtschaft und Gesellschaft sind nicht mehr getrennt, sondern bilden eine Einheit, bei der die Natur als Basis des Profits dient (ebd.: 239f.).

Im 20. Jahrhundert ging es um Umweltschutz und Nachhaltigkeit, jetzt im 21. Jahrhundert ist sozusagen eine Wirtschaft des Reparierens entstanden, die die zerstörte Natur wiederherstellen soll. Nicht nachhaltige Nutzung am einen Ort kann scheinbar einfach mit nachhaltigen Praktiken am anderen Ort ausgeglichen werden. Allerdings wird dabei eine Natur der anderen untergeordnet, da nicht beide verbessert werden. Insgesamt dient die Natur in diesem Prozess sowohl der Wirtschaft des Wachstums als auch der des Reparierens, denn beides soll maximiert werden (ebd.: 242).

Zu den neuen politischen Dynamiken gehören u.a. die Legitimierungsprozesse von Green Grabbing, d.h. dass beispielsweise Wälder lediglich als Absorber von Kohlenstoff bezeichnet werden und nicht als Lebensräume, die eine eingebettete Geschichte und Kultur in sich tragen. Somit werden hier Landschaftsbeschreibungen teilweise völlig neu konstruiert. Des Weiteren ist von einem neuen „spatial fix"[1] die Rede, einem Konzept, dem zufolge die Ursachen für Klima-, Nahrungs- und Energiekrisen hauptsächlich in abgelegenen Gegenden liegen. Lokale Gemeinden gelten dann als so zurückgeblieben und zerstörerisch, dass sie einer moderneren Version von „nachhaltiger Entwicklung" angepasst werden müssen. Daraus ergibt sich schließlich ein Kreislauf: Durch Land Grabbing werden Arbeitsplätze geraubt und die einheimische Bevölkerung zieht gezwungenermaßen in Städte in der Hoffnung auf bessere Arbeitsmöglichkeiten. Jetzt kann das Land gut als ungenutzt und marginal dargestellt werden – was wiederum in weiterem Land Grabbing resultiert (ebd.: 251f.).

---

1 Das Konzept des „spatial fix" wurde von David Harvey entwickelt, um die damalige Krise des Fordismus (Mitte der 1970er-Jahre) zu überwinden. Die ausgelöste Überakkumulation sowie Entwertung sollte durch eine geographische Ausweitung beendet werden. So könnten neue Märkte erschlossen, lokale Arbeitskräfte mit günstigeren Löhnen eingesetzt, entwertete Güter exportiert und die Produktion an andere Orte ausgelagert werden (Belina 2012: 9).

Stets entscheiden also lokale politische Dynamiken, wer als Gewinner und wer als Verlierer aus dem Prozess hervorgeht, doch nicht immer ist es ganz klar, wer Gewinner und wer Verlierer ist. Teilweise kommt es zu direkten und materiellen Folgen der Aneignung von Natur, manchmal weniger unmittelbar. Und schließlich gibt es auch Grenzen des grünen Kapitalismus, denn Ökosysteme lassen sich nicht grünen Märkten unterordnen – so kann z.B. eine Baumkrankheit oder ein Feuer die Kohlevorräte zerstören, mit denen spekuliert wurde. Unklar ist hier bislang, wer dafür das Risiko übernimmt bzw. übernehmen kann.

Ojeda (2012: 357f., 371) beschäftigt sich speziell mit Ökotourismus, der als mächtige Strategie für Akkumulation durch Enteignung das Land Grabbing unterstützt – ebenfalls unter dem Namen Green Grabbing. In Kolumbien wurden dadurch zwischen 1998 und 2008 ca. vier Mio. Menschen von ihrem Land vertrieben, gleichzeitig wurden jedoch „grünere" Projekte (z.B. Palmölplantagen für Biodiesel, Umweltschutzstrategien oder Ökotourismus) bisher von Wissenschaftlern und Medien dort nicht wirklich als Land Grabbing verstanden. Im Folgenden sollen nach dem bisherigen allgemeineren Abschnitt nun zwei Fallbeispiele aus Kolumbien und Bolivien die Praxis des Green Grabbings veranschaulichen.

5 Fallbeispiele für Green Grabbing in Kolumbien und Bolivien

Im Tayrona Nationalpark im Norden Kolumbiens begann schon vor mehreren Jahren eine extreme Touristifizierung (2002 eingeführt vom damaligen Präsidenten Álvaro Uribe) als Mittel, um Ordnung und Gesetzesherrschaft wiederherzustellen in einem Staat, der eine lange Geschichte von ungleichem Zugang zu Land und auch bewaffnetem Konflikt aufweist. Doch auch dieses „securitization" genannte Vorgehen, das vorgeblich zu größerer Sicherheit führen sollte, diente in Wirklichkeit dem Ausschalten von politischem Widerspruch. Das Ganze wurde als Doppelstrategie bezeichnet, die zum einen aus Tourismuswerbung bestand und zum anderen aus einer Militarisierung von Touristenorten und Reiserouten zu deren angeblichem Schutz. Ein zweifelhafter Demobilisierungsprozess bestand in einer gewaltsamen Neudefinierung von territorialer Kontrolle, illegalem Anbau und Verkehrswegen. Im Jahr 2000 wurden paramilitärische Gruppen zu den natürlichen Verbündeten des Staates, der versuchen wollte, das Land zu befrieden, und in Tayrona sollte paramilitärische Kontrolle Mobilität und eine relative Sicherheit der Touristen garantieren. Gleichzeitig sollte der Tourismus als Fassade dienen und die herrschende Gewalt verdecken (ebd.: 357, 360-363).

Land Grabbing zum Schutz der Natur rechtfertigte hier also die Enteignung der lokalen Bevölkerung, schließlich sollen die grünen Absichten die Biodiversität erhalten. Die Tourismusentwicklung wurde in Tayrona als eine Hauptstrategie zum Umweltschutz angesehen, somit wurde die Akkumulation von Kapital als grün bezeichnet, während man den lokalen Gemeindemitgliedern zerstörerisches Verhalten vorwarf. Zudem sollte der Tourismus der lokalen Bevölkerung Arbeitsplätze und Geld zum Schutz der Biodiversität bringen. Doch die Privatisierung hat in einigen Gebieten signifikante Folgen für die Gemeinde: Es wird Druck über Ressourcen ausgeübt, wo der Tourismus die Haupteinnahmequelle ist. Dies wiederum führt zu einer weiteren Kriminalisierung, Umsiedlung und Vertreibung von Parkbewohnern und Arbeitern (ebd.: 364f.).

Auch Bolivien eignet sich als Fallbeispiel für Akkumulation durch Enteignung, verursacht durch Land Grabbing, nämlich in Bezug auf Erdgas, das privatisiert wurde. Nicht nur in Bolivien ist Erdgas ein Rohstoff von struktureller Bedeutung, die Privatisierung davon (dort in den 1990er-Jahren) kann somit als Akkumulation durch Enteignung gesehen werden. Besonders deutlich war in Bolivien die brutale Gewalt des Staates, der für zahlreiche Massaker, besonders an der indigenen Bevölkerung, verantwortlich war. Sogar die Mittelklasse begab sich 2003 während des sogenannten Gaskrieges in Hungerstreik gegen die Regierung und ca. 500.000 Menschen gingen auf die Straße. Schließlich wurde der neoliberale Präsident Gonzalo Sánchez de Lozada seines Amtes enthoben, was dazu führte, dass auch das Gas nicht mehr nationalisiert werden konnte. Auch sein Nachfolger Carlos Mesa musste 2005 zurücktreten, bis schließlich Evo Morales 2006 als neuer Präsident das Gas wieder verstaatlichte. Zwei Aspekte dienen in diesem Prozess als Beispiel für Akkumulation durch Enteignung: auf der einen Seite der Bau der Gas-Pipeline, deren Gewinn hauptsächlich an private Firmen ging, auf der anderen Seite die Gesetzesmanipulation, die vollzogen wurde. Ob Gasfelder als „neu" oder „bestehend" bezeichnet wurden, wurde schlichtweg neu definiert, da die Förderabgaben für neue Gasfelder deutlich geringer ausfielen. Daher galten auf einmal die meisten Gasfelder als neu, obwohl sie das oft überhaupt nicht waren (Spronk und Webber 2007: 33-38).

6 Fazit

Insgesamt lässt sich feststellen, dass die Bedürfnisse der Menschheit wohl kaum wieder so drastisch zurückgeschraubt werden können, wie sie hochgefahren wurden, sie wollen also befriedigt werden. Land Grabbing ist dafür als scheinbar praktische Lösung aufgetaucht, denn damit konnten auf einmal ungeahnte Mengen an (hauptsächlich) Fleisch und Kraftstoff erwirtschaftet werden: In vielen Entwicklungs- und/oder Schwellenländern standen hektarweise Landflächen zur Verfügung, die „nur noch" erworben und bebaut werden mussten. Auch für die dortigen Regierungen ist dies zunächst nicht unbedingt schlecht, fließt doch dadurch das so dringend benötigte Geld ins Land.

Doch das Nachsehen hat die lokale Bevölkerung. Sie wird oftmals aus ihrer langjährigen Heimat vertrieben und verliert dadurch nicht nur ihre Wohnungsmöglichkeit, sondern meist auch den Arbeitsplatz. Und wird sie doch von investierenden Unternehmen angestellt, bleibt lediglich ein kaum nennenswerter Gewinn am Ende übrig. So bleibt also häufig nur die Flucht in größere Städte, die wiederum so überbevölkert sind, dass viele Menschen, die neu hinzu kommen, auch dort in der Armut landen. Doch die Gründe für die Landflucht sind auch ökologischer Art, denn durch den Gebrauch von Pestiziden wird das Grundwasser verseucht und die Umwelt geschädigt. Waldrodung zerstört die Biodiversität und zum Teil auch schützenswerte Naturräume.

Eine neue, etwas andere Art des Land Grabbings stellt nun das sogenannte Green Grabbing dar. Durch den Vorsatz „grün" hat es den Anschein, als wäre dies ein Land Grabbing, das nachhaltiger gestaltet wird und weniger negative Folgen mit sich bringt. So wird dies auch gerne verkauft, denn es soll den Eindruck erwecken, als wäre es gerechtfertigt. Doch tatsächlich wird Green Grabbing zwar zum Zweck des Umweltschutzes betrieben, aber mit oft genauso drastischen Folgen für die Bevölkerung wie das klassische Land Grabbing. Der Ökotourismus kann als gutes Beispiel dienen: Er ist die Ursache dafür, warum beispielsweise ein Nationalpark geschützt werden muss. Gleichzeitig wird jedoch der Nationalpark zur Schaffung der erforderlichen Infrastruktur mit einem Wegenetz und Hotelgebäuden verbaut. Und wieder werden Einheimische, oft Indigene, aus ihrem Lebensraum in ein Gebiet „umgesiedelt" (de facto vertrieben), das sie nicht kennen und daher nicht (genauso) gut bewirtschaften können.

Es ist durchaus nicht leicht, auf die aufgezeigte Entwicklung zu reagieren. Zweifelsohne muss die Umwelt geschützt und die zerstörte Natur wieder aufgebaut werden, doch müsste bei dieser Art von Land Grabbing mehr Rücksicht auf die Bedürfnisse und Lebensumstände der lokalen Bevölkerung genommen werden anstatt nur auf die der Menschen in wohlhabenderen Ländern. Gerade indigene Einwohner, die in Nationalparks oder auch Regenwäldern wie dem

Amazonas leben, leben meist deutlich mehr im Einklang mit der Natur als Menschen aus Industrieländern.

7 Literaturverzeichnis

Belina, Bernd (2012): Konzepte der Humangeographie. Sitzung XI: Krise I. Unveröffentlichtes Vorlesungsmanuskript WiSe 2011/2012, Goethe-Universität Frankfurt.

Fairhead, J., M. Leach und I. Scoones (2012): Green Grabbing: a new appropriation of nature? *The Journal of Peasant Studies* 39 (2): 237-261.

FDCL – Forschungs- und Dokumentationszentrum Chile-Lateinamerika e.V. (o.J.): Land Grabbing, was ist das? Internet: http://land-grabbing.de/land-grabbing/ (20.08.2012).

Glassmann, J. (2006): Primitive accumulation, accumulation by dispossession, accumulation by `extra-economic´ means. *Progress in Human Geography* 30 (5): 608-625.

Ojeda, D. (2012): Green pretexts: Ecotourism, neoliberal conservation and land grabbing in Tayrona National Park, Colombia. *The Journal of Peasant Studies* 39 (2): 357-375.

Schwartz-Driver, S. (2012): Latin America: The fat of the land. Internet: http://farmlandgrab.org/post/view/19838 (21.08.2012).

Spronk, S. und J. R. Webber (2007): Struggles against Accumulation by Dispossession in Bolivia. The Political Economy of Natural Resource Contention. *Latin American Perspectives* 43: 31-47.

WWF (o.J.): Fakten zum Soja-Anbau in Südamerika. Internet: http://assets.wwf.ch/downloads/faktenblatt_soja_d.pdf (20.08.2012).